RUPESH KUMAR TIPU
VANDNA BATRA
SUMAN PUNIA

Python e PNL: Criar aplicações inteligentes

RUPESH KUMAR TIPU
VANDNA BATRA
SUMAN PUNIA

Python e PNL: Criar aplicações inteligentes

ScienciaScripts

Imprint

Any brand names and product names mentioned in this book are subject to trademark, brand or patent protection and are trademarks or registered trademarks of their respective holders. The use of brand names, product names, common names, trade names, product descriptions etc. even without a particular marking in this work is in no way to be construed to mean that such names may be regarded as unrestricted in respect of trademark and brand protection legislation and could thus be used by anyone.

Cover image: www.ingimage.com

This book is a translation from the original published under ISBN 978-620-7-47466-0.

Publisher:
Sciencia Scripts
is a trademark of
Dodo Books Indian Ocean Ltd. and OmniScriptum S.R.L publishing group

120 High Road, East Finchley, London, N2 9ED, United Kingdom
Str. Armeneasca 28/1, office 1, Chisinau MD-2012, Republic of Moldova, Europe
Printed at: see last page
ISBN: 978-620-7-77808-9

Python e PNL: Criar aplicações inteligentes

A

Livro

Por

Rupesh Kumar Tipu

Vandna Batra &

Suman

Escola de Engenharia e Tecnologia

K. R. Mangalam University

Gurugram, Haryana, Índia

1

Conteúdo

PREFÁCIO

Bem-vindo a "Python e PNL: Construir Aplicações Inteligentes", um guia completo concebido para explorar a fascinante intersecção entre o processamento de linguagem natural (PNL) e a programação Python. Este livro foi concebido para o introduzir ao mundo da PNL, um domínio fundamental da inteligência artificial que se concentra em permitir que os computadores compreendam, interpretem e produzam linguagens humanas.

O advento da PNL revolucionou a forma como interagimos com a tecnologia, tornando possível que as máquinas executem tarefas complexas, como traduzir idiomas, responder a perguntas e até mesmo gerar texto semelhante ao humano. O Python, com a sua simplicidade e o poderoso conjunto de bibliotecas, está na vanguarda desta revolução, fornecendo uma plataforma ideal tanto para principiantes como para programadores experientes criarem aplicações sofisticadas de PNL.

Viagem pelo livro

Este livro está estruturado para o levar numa viagem passo a passo através dos conceitos e técnicas fundamentais da PNL, tirando partido do ecossistema Python. Começando com uma compreensão fundamental do que é a PNL e o seu significado, aprofundamos a criação de um ambiente Python robusto adaptado ao desenvolvimento da PNL, abrangendo bibliotecas e ferramentas essenciais.

À medida que avançamos, ganhará experiência com os fundamentos do processamento de texto, explorando a forma de limpar e preparar dados de texto para análise. Iremos dissecar estruturas de frases, compreender a semântica e até mergulhar em modelos de aprendizagem automática e profunda especificamente concebidos para tarefas de PNL. Cada capítulo é criado para se basear no anterior, garantindo uma experiência de aprendizagem coesa que une a teoria à aplicação prática.

Projectos práticos de PNL

Para além do conhecimento teórico, este livro dá ênfase às aplicações do mundo real. Através de projectos práticos, irá aplicar o que aprendeu para resolver problemas comuns de PNL, como a análise de sentimentos, o desenvolvimento de chatbots e a sumarização de texto. Estes projectos foram concebidos para o equipar com as competências e a confiança necessárias para empreender os seus próprios empreendimentos de PNL.

A quem se destina este livro

Quer seja um novato ansioso por mergulhar no mundo da PNL, um programador Python que procura expandir as suas competências ou mesmo um cientista de dados interessado nas mais recentes técnicas de PNL, este livro é para si. Pressupõe-se um conhecimento básico de programação Python, mas não é necessária experiência prévia com PNL.

Olhando para o futuro

O campo da PNL está a evoluir rapidamente e, com ele, as ferramentas e técnicas à nossa disposição. Este livro tem como objetivo não só fornecer-lhe uma base sólida, mas também inspirá-lo a continuar a aprender e a explorar. Os apêndices oferecem recursos para um estudo mais aprofundado, conjuntos de ferramentas e estruturas para PNL, e conjuntos de dados para praticar as suas competências.

Ao embarcar nesta viagem, lembre-se que o mundo da PNL é tão desafiante como gratificante. A sua curiosidade e persistência são os seus melhores trunfos. Vamos explorar as capacidades do Python e da PNL juntos, construindo aplicações inteligentes que podem entender e falar a linguagem dos humanos. Bem-vindo a bordo!

"Python and NLP: Building Intelligent Applications" é enriquecido com uma seleção de trabalhos seminais, cada um contribuindo para o domínio multifacetado do processamento de linguagem natural (NLP) utilizando Python. O texto integra estas referências para proporcionar uma compreensão abrangente, desde os conceitos fundamentais até às metodologias avançadas em PNL.

O guia de referência de Bird, Klein e Loper (2009) sobre PNL utilizando Python, com destaque para a biblioteca NLTK, estabelece o enquadramento fundamental para os leitores, oferecendo uma panorâmica alargada das ferramentas e técnicas essenciais para o processamento e análise de texto. A exploração de Raschka (2015) de Python para a aprendizagem automática ilumina a intersecção entre a aprendizagem automática e a PNL, detalhando como o versátil conjunto de ferramentas de Python pode ser aplicado a uma série de tarefas de PNL, desde a análise de sentimentos à classificação de textos.

O exame detalhado de Geron (2019) das estruturas de aprendizagem automática em Python, incluindo scikit-learn, Keras e TensorFlow, fornece informações valiosas sobre a construção e otimização de modelos de PNL, enfatizando abordagens práticas à aprendizagem. A cartilha de Grus (2015) sobre ciência de dados introduz os princípios e técnicas essenciais, que são fundamentais para o pré-processamento e análise de dados textuais de forma eficaz em projectos de PNL.

O manual de VanderPlas (2016) é um tesouro de conhecimento sobre ciência de dados, oferecendo soluções e técnicas baseadas em Python que são cruciais para lidar com as complexidades do pré-processamento de dados de PNL e da extração de características. O foco de Chollet (2017) na aprendizagem profunda usando Python e Keras guia os leitores através do cenário avançado das redes neurais, lançando luz sobre a sua aplicação em problemas complexos de PNL.

O guia prático de Bengfort, Bilbro e Ojeda (2018) para a análise de texto aplicada com Python desmistifica o processo de extração de conhecimentos significativos do texto, fornecendo aos leitores conhecimentos práticos para enfrentar os desafios da PNL. O texto abrangente de Jurafsky e Martin (2019) sobre processamento da fala e da linguagem oferece um mergulho profundo nos fundamentos teóricos da PNL, essencial para compreender os algoritmos avançados utilizados neste domínio.

A discussão de Honnibal e Montani (2020) sobre spaCy e FastAPI apresenta estratégias de ponta para a implementação de aplicações de PNL de força industrial, destacando métodos de implantação eficientes. O trabalho de Sarkar (2019) sobre análise de texto fornece um roteiro prático para aplicar Python para extrair insights de dados textuais, mostrando a versatilidade de Python em aplicações de PNL do mundo real.

A exploração de Howard e Gugger (2020) da aprendizagem profunda para programadores usando fastai e PyTorch desmistifica a implementação de redes neurais profundas, particularmente benéficas para aplicações de PNL. A introdução de Manning, Raghavan e Schütze (2008) à recuperação de informação estabelece as bases para compreender como as técnicas de PNL são empregues para organizar, pesquisar e interpretar grandes conjuntos de dados de texto.

O guia estilo livro de receitas de Albon (2018) oferece uma infinidade de soluções baseadas em Python para desafios de aprendizagem automática, com aplicabilidade direta a tarefas de PNL. O trabalho seminal de Sutskever, Vinyals e Le (2014) sobre a aprendizagem sequência-a-sequência introduz uma abordagem transformadora à PNL, abrindo caminho para desenvolvimentos em tradução automática e resumo de texto.

O artigo inovador de Devlin et al. (2018) sobre o BERT elucida os mecanismos dos transformadores bidirecionais profundos, revolucionando a compreensão e a implementação de modelos de linguagem na PNL. A exposição de Radford et al. (2019) sobre modelos GPT fornece uma visão aprofundada de como esses modelos de linguagem remodelaram o cenário da PNL, oferecendo recursos sem precedentes na geração de texto semelhante ao humano.

A investigação de Mikolov et al. (2013) sobre a estimativa eficiente de representações de palavras introduz o conceito de word embeddings, um desenvolvimento fundamental na forma como as máquinas percepcionam a linguagem, subjacente a muitas das aplicações modernas de PNL.

## CHAPTER 1

Introdução ao processamento de linguagem natural

1.1 O que é o Processamento de Linguagem Natural?

O Processamento de Linguagem Natural (PNL) é um domínio que se situa no cruzamento da informática, da inteligência artificial e da linguística. O seu objetivo é permitir que os computadores compreendam, interpretem e produzam línguas humanas de uma forma valiosa. Ao utilizar algoritmos e modelos computacionais, a PNL permite que as máquinas processem e analisem grandes quantidades de dados de linguagem natural, convertendo dados linguísticos não estruturados numa forma que os computadores possam compreender.

O principal desafio da PNL reside na complexidade e nas nuances da linguagem humana. As expressões idiomáticas, o sarcasmo, os homónimos e outras subtilezas linguísticas apresentam desafios únicos que a PNL se esforça por ultrapassar. O objetivo final é que as máquinas realizem uma vasta gama de tarefas relacionadas com a linguagem, desde as mais simples, como a verificação ortográfica, às mais complexas, como a análise de sentimentos e a tradução automática.

1.2 A intersecção da Linguística e da Inteligência Artificial

A PNL situa-se na fascinante intersecção entre a linguística e a inteligência artificial (IA), combinando a compreensão subtil da linguagem humana com o poder computacional da IA. A linguística contribui com conhecimentos sobre a estrutura e o significado da linguagem, abrangendo a sintaxe, a semântica e a pragmática, enquanto a IA fornece as metodologias para modelar computacionalmente estes fenómenos linguísticos. Um diagrama de mapa mental que visualiza a intersecção da Linguística e da Inteligência Artificial é apresentado na **Figura 1 - 1**.

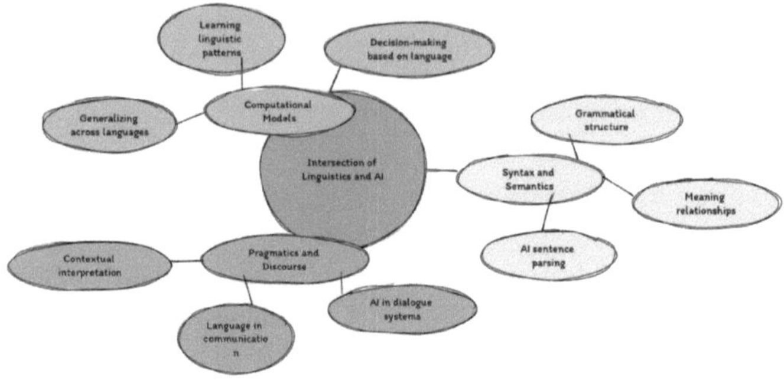

Figura 1 - 1. Diagrama de mapa mental visualizando a intersecção da Linguística e da Inteligência Artificial

Esta colaboração interdisciplinar envolve:

- **Sintaxe e Semântica**: Compreender a estrutura gramatical das frases e os significados associados. Os modelos de IA são utilizados para analisar frases e compreender as relações entre as palavras.

- **Pragmática e discurso**: Lidar com a forma como o contexto influencia a interpretação da linguagem e como esta é utilizada na comunicação. Os algoritmos de IA têm a tarefa de reconhecer estas subtilezas nos sistemas de diálogo e na análise de texto.

- **Modelos computacionais**: Desenvolvimento de algoritmos capazes de generalizar entre línguas e contextos, aprendendo com os dados a prever padrões linguísticos e a tomar decisões com base na informação linguística.

1.3 Panorama das aplicações da PNL

As aplicações da PNL são vastas e permeiam vários sectores, revolucionando a forma como interagimos com a tecnologia e como os dados são utilizados:

- **Tradução automática**: Ferramentas como o Google Translate interpretam e convertem texto de uma língua para outra, tornando a comunicação global mais acessível.

- **Análise de sentimentos**: As empresas utilizam a PNL para avaliar o sentimento do público, analisando as redes sociais, as críticas e o feedback para informar as estratégias de marketing e o desenvolvimento de produtos.

- **Chatbots e assistentes virtuais**: A Siri, a Alexa e outros assistentes de IA utilizam a PNL para compreender os comandos do utilizador e fornecer respostas ou acções relevantes.

- **Extração de informação**: As técnicas de PLN extraem informações valiosas do texto, como datas, nomes e locais, permitindo um processamento eficiente dos dados e a descoberta de conhecimentos.

- **Sumarização de texto**: Geração automática de resumos a partir de documentos longos, poupando tempo e simplificando o consumo de conteúdos.

- **Reconhecimento de voz**: Tradução de linguagem falada em texto, utilizada em assistentes controlados por voz e serviços de transcrição.

O domínio da PNL está em constante evolução, impulsionado pelos avanços na aprendizagem automática e na aprendizagem profunda. À medida que os modelos se tornam mais sofisticados, o potencial das aplicações de PLN expande-se, prometendo soluções ainda mais inovadoras para tarefas linguísticas complexas. A integração da PNL na tecnologia não só melhora a interação máquina-homem, como também desbloqueia o tesouro de informações contidas nos dados linguísticos, conduzindo a uma tomada de decisões mais inteligente e informada em todos os sectores. As diversas aplicações do Processamento de Linguagem Natural são apresentadas na **Figura 1 - 2**.

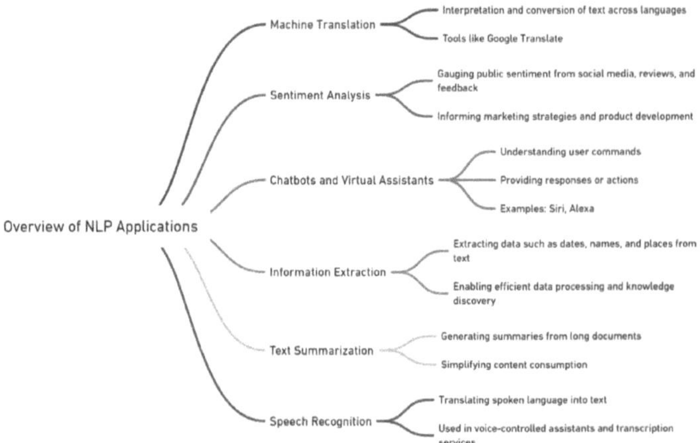

Figura 1 - 2. Aplicação do processamento de linguagem natural

## CHAPTER 2

Configurar o seu ambiente Python NLP

2.1 Instalando o Python e configurando o ambiente

A criação de um ambiente Python robusto é o primeiro passo para embarcar em projectos de PNL. A simplicidade do Python e o rico ecossistema de bibliotecas fazem dele a escolha ideal para a PNL.

- **Instalar o Python**: Descarregue e instale o Python a partir do sítio Web oficial. Certifique-se de que selecciona a versão compatível com as bibliotecas que pretende utilizar, embora a versão mais recente seja geralmente recomendada.

- **Gerenciador de pacotes Python (pip)**: Pip é o instalador de pacotes do Python. Verifique a sua instalação executando **pip --version** na sua linha de comandos ou terminal. O Pip permite-lhe instalar, atualizar e gerir pacotes adicionais que não estão incluídos na biblioteca padrão do Python.

- **Ambientes virtuais**: É uma boa prática usar ambientes virtuais para criar espaços isolados para seus projetos, assegurando que cada projeto tenha suas próprias dependências, independentemente das dependências que cada outro projeto tenha. Você pode criar um ambiente virtual usando **venv** (embutido no Python) ou **virtualenv**.

```
python -m venv meu_projecto_env

source meu_projecto_env/bin/ativar # No Windows use
`meu_projecto_env\Scripts\ativar`
```

- **IDE ou editor de código**: Escolha um Ambiente de Desenvolvimento Integrado (IDE) ou um editor de código com o qual se sinta confortável. As escolhas populares incluem PyCharm, VS Code ou Atom, que fornecem realce de código, ferramentas de depuração e outras funcionalidades convenientes para o desenvolvimento Python.

2.2 Bibliotecas Python essenciais para PNL

O rico ecossistema do Python inclui inúmeras bibliotecas concebidas para simplificar as tarefas de PNL. Aqui estão algumas bibliotecas essenciais:

- **Natural Language Toolkit (NLTK)**: Uma das bibliotecas mais populares para processamento de linguagem natural, fornecendo interfaces fáceis de usar e um conjunto de bibliotecas de processamento de texto para classificação, tokenização, stemming, marcação, análise e raciocínio semântico.

pip install nltk

- **spaCy**: Conhecido pelo seu desempenho e facilidade de utilização, o spaCy é ótimo para tarefas de PNL em grande escala. Foi concebido especificamente para utilização na produção e pode ser utilizado para criar sistemas de extração de informações ou de compreensão da linguagem natural.

pip install spacy

- **Gensim**: Particularmente útil para modelação de tópicos não supervisionada e compreensão de linguagem natural, o Gensim é especializado em modelação de espaço vetorial, modelação de tópicos e recuperação de semelhanças.

pip install gensim

- **Scikit-learn**: Embora não seja exclusivamente uma biblioteca de PNL, o Scikit-learn fornece uma vasta gama de ferramentas de aprendizagem automática, incluindo algoritmos para classificação, regressão, agrupamento e redução da dimensionalidade, que são essenciais em muitas tarefas de PNL.

pip install scikit-learn

- **TextBlob**: Ideal para iniciantes, o TextBlob simplifica as tarefas de processamento de texto, fornecendo uma API consistente para mergulhar em tarefas comuns de PNL, como marcação de parte do discurso, extração de frases nominais, análise de sentimentos e muito mais.

pip install textblob

2.3 Introdução aos Jupyter Notebooks para PNL

Os Jupyter Notebooks oferecem um ambiente de computação interativo onde pode misturar código executável, texto rico, visualizações e outros recursos multimédia num único documento.

- **Instalação**: Instale o Jupyter usando pip ou como parte da distribuição Anaconda, que inclui Python, Jupyter e outros pacotes comumente usados para computação científica e ciência de dados.

pip install notebook

- **Utilização**: Inicie o Jupyter Notebook executando **jupyter notebook** no seu terminal ou prompt de comando. Isto abre uma interface de bloco de notas baseada na Web no seu navegador, onde pode começar a criar novos blocos de notas ou abrir os existentes.

- **Vantagens para a PNL**: Os Jupyter Notebooks são particularmente adequados para tarefas de PNL em que pode querer percorrer o código sequencialmente, testar hipóteses, visualizar dados ou documentar a sua investigação. Permitem uma abordagem iterativa e exploratória à análise de dados, tornando-os numa ferramenta favorita nas comunidades de ciência de dados e PNL.

Configurar o seu ambiente Python com as ferramentas e bibliotecas certas é fundamental para projectos de PNL bem sucedidos. Esta configuração não só facilita o desenvolvimento e o teste eficientes de modelos de PNL, como também garante a reprodutibilidade e a consistência entre aplicações de PNL. Com o seu ambiente pronto, pode mergulhar no excitante mundo da PNL, experimentando diferentes bibliotecas, conjuntos de dados e algoritmos.

## CHAPTER 3

Fundamentos do processamento de texto

3.1 Processamento e limpeza de texto básico

Antes de mergulhar em tarefas complexas de PNL, é crucial preparar os dados de texto através de processamento e limpeza básicos. Este passo inicial garante que o texto está num formato normalizado e utilizável para análise e modelação.

- **Letras minúsculas**: Converter o texto em minúsculas para manter a consistência, uma vez que muitas operações textuais são sensíveis a maiúsculas e minúsculas.

- **Remoção de ruído**: Eliminar caracteres irrelevantes, como pontuação, caracteres especiais e valores numéricos, que podem não ser úteis para tarefas específicas de PNL.

- **Remoção de espaços em branco**: Remover espaços extra, separadores ou quebras de linha para evitar inconsistências na estrutura do texto.

- **Tratamento de palavras de paragem**: Filtrar palavras comuns (como "o", "é", "em") que aparecem frequentemente e que provavelmente não contribuem para a compreensão do texto em muitos contextos.

- **Correção ortográfica**: A correção de palavras mal escritas é muitas vezes benéfica, especialmente em conteúdos gerados pelo utilizador, para melhorar a qualidade dos dados textuais.

3.2 Tokenização, stemização e lematização

Estes processos são fundamentais para converter o texto num formato mais analisável ou gerível para aplicações de PNL.

- **Tokenização**: O processo de dividir o texto em unidades mais pequenas, normalmente palavras ou frases. É o primeiro passo para transformar o texto numa forma que os algoritmos possam processar.

- **Decalque**: Reduz as palavras ao seu radical ou raiz. Por exemplo, "fishing", "fished" e "fisher" reduzem-se todas ao radical "fish". É uma heurística grosseira que elimina os prefixos e sufixos.

- **Lemmatização**: Semelhante à stemização, mas mais sofisticada. Reduz as palavras à sua forma base ou raiz, conhecida como lema, mas, ao contrário da stemização, garante que a palavra raiz pertence à língua. Por exemplo, "better" é lematizado para "good".

3.3 Expressões regulares para padrões de texto

As expressões regulares (regex) são ferramentas poderosas para encontrar e manipular padrões de texto. São muito úteis no pré-processamento de texto para definir padrões de pesquisa específicos e extrair, substituir ou remover determinados segmentos de texto.

- **Correspondência de padrões**: Utilize regex para identificar padrões de texto específicos, como endereços de correio eletrónico, URLs, datas e outros padrões personalizados.

- **Procurar e substituir**: Localize ocorrências de um padrão definido e substitua-as por uma cadeia de caracteres especificada, o que é particularmente útil para a limpeza de dados.

- **Extração de texto**: Extrair segmentos específicos do texto com base em padrões, que podem ser cruciais para tarefas como a recuperação de informação ou a extração de dados de texto não estruturado.

3.4 Trabalhar com Unicode e codificação

Compreender a codificação de texto e o Unicode é essencial na PNL para garantir que os dados de texto são corretamente interpretados e processados pelos seus programas Python.

- **Unicode**: Uma norma para codificação de caracteres que inclui uma vasta gama de símbolos e caracteres de várias línguas e scripts. Permite a representação e o tratamento consistentes do texto, assegurando que as suas aplicações de PNL podem trabalhar com texto de qualquer língua.

- **Codificação de caracteres**: Refere-se ao processo de conversão de bytes em caracteres. Uma codificação/descodificação incorrecta pode levar a uma saída de texto distorcida, pelo que é crucial lidar corretamente com a codificação, especialmente quando se trabalha com diversos conjuntos de dados ou vários idiomas.

- **Manuseamento em Python**: O tipo de string do Python usa Unicode por predefinição, mas ao trabalhar com ficheiros de texto externos ou streams, pode encontrar várias codificações. Ferramentas como o **chardet** podem ajudar a detetar codificações de caracteres, e os métodos **encode**() e **decode**() do Python são usados para lidar com diferentes codificações.

O processamento de dados de texto com precisão é fundamental na PNL. Estes fundamentos - limpeza de texto, tokenização, stemming, lematização, trabalho com regex e tratamento correto do Unicode - são passos cruciais que influenciam o desempenho e a precisão das tarefas de PNL subsequentes, desde a análise de sentimentos à tradução automática. O domínio destes aspectos garante que os dados de texto estão bem preparados, abrindo caminho para operações e análises de PNL mais avançadas.

## CHAPTER 4

Explorar a sintaxe e a estrutura

4.1 Marcação de partes do discurso

A etiquetagem de partes do discurso (POS) é o processo de marcar uma palavra num texto como correspondendo a uma determinada parte do discurso, com base na sua definição e no seu contexto. É um passo fundamental em muitas aplicações de PNL, porque fornece informações linguísticas valiosas sobre a composição das palavras numa frase, o que é crucial para compreender o significado do texto.

- **Funcionalidade**: A marcação POS atribui etiquetas a palavras como substantivo, verbo, adjetivo, etc. Esta etiquetagem ajuda a compreender a estrutura gramatical das frases e o papel de cada palavra numa frase, o que é particularmente útil na análise, desambiguação e, subsequentemente, em tarefas como a análise de sentimentos ou o reconhecimento de entidades.

- **Ferramentas e bibliotecas**: As bibliotecas Python como NLTK, spaCy e TextBlob fornecem etiquetadores POS incorporados que podem ser facilmente implementados. Estes etiquetadores utilizam modelos de aprendizagem automática pré-treinados para atribuir a parte do discurso correcta a cada palavra.

```python
importar spacy

nlp = spacy.load("en_core_web_sm")

doc = nlp("Apple is looking at buying U.K. startup for $1 billion")

para token em doc:

    print(token.text, token.pos_)
```

4.2 Análise da estrutura da frase

A análise da estrutura das frases consiste em analisar a estrutura gramatical de uma frase, identificar os seus constituintes e mostrar as suas relações sintácticas. A análise é utilizada para compreender a gramática das frases, o que ajuda a compreender o texto e a extrair informações significativas.

- **Árvores sintácticas**: Os analisadores representam frequentemente frases utilizando árvores sintácticas, que mostram a estrutura gramatical hierárquica da frase. Cada nó da árvore denota uma parte da frase, que representa coletivamente toda a estrutura da frase.

- **Análise de constituintes e de dependência**: A análise de constituintes centra-se nas frases dentro de uma frase, enquanto a análise de dependências se centra nas relações entre as palavras de uma frase. Ambas fornecem informações valiosas sobre a estrutura da frase, mas de perspectivas diferentes.

- **Aplicações**: A compreensão da estrutura das frases ajuda em várias tarefas complexas de PNL, como a tradução automática, a resposta a perguntas e o resumo de textos, em que as relações sintácticas entre partes do texto são cruciais.

4.3 Reconhecimento de entidades nomeadas

O reconhecimento de entidades nomeadas (NER) é a tarefa de identificar e classificar informações-chave (entidades) no texto em categorias predefinidas, tais como nomes de pessoas, organizações, localizações, expressões de tempos, quantidades, valores monetários, percentagens, etc.

- **Funcionalidade**: Ao detetar entidades, os sistemas NER adicionam uma camada de compreensão semântica ao texto, melhorando a estruturação do conteúdo ao destacar os principais assuntos.

- **Implementação**: Bibliotecas como NLTK e spaCy fornecem funcionalidades NER robustas que podem ser adaptadas a tarefas específicas ou gerais de reconhecimento de entidades.

```python
for ent in doc.ents:

    print(ent.text, ent.label_)
```

- **Casos de utilização**: O NER é amplamente utilizado na recuperação de informação, extração de informação, sistemas de resposta a perguntas e resumo de conteúdos.

4.4 Análise de dependência e árvores gramaticais

A análise de dependência preocupa-se com a forma como as palavras de uma frase se relacionam entre si. Representa uma frase como uma árvore de itens lexicais ligados por ligações directas de cabeças a dependentes, retratando a estrutura sintáctica das frases.

- **Árvores gramaticais**: Estas são representações visuais da estrutura de dependência de uma frase, mostrando como diferentes palavras estão relacionadas. Cada nó representa uma palavra e as arestas representam dependências sintácticas.

- **Compreender as relações**: A análise de dependência ajuda a compreender as relações entre as palavras numa frase, o que é crucial para extrair com precisão o significado da frase e para tarefas que exigem uma compreensão profunda da estrutura da frase.

- **Aplicações**: É fundamental para a tradução automática, em que a estrutura sintáctica da frase de partida influencia significativamente a estrutura da frase traduzida.

A exploração da sintaxe e da estrutura através destas técnicas permite obter conhecimentos profundos sobre a composição gramatical e semântica do texto. Esta compreensão é crucial para tarefas avançadas de PNL, em que o contexto, a gramática e as relações entre palavras desempenham um papel fundamental no desempenho do modelo e na exatidão das informações obtidas a partir do texto.

## CHAPTER 5

Utilização de bibliotecas Python para PNL

5.1 Introdução ao NLTK

O Natural Language Toolkit (NLTK) é uma das principais plataformas para trabalhar com dados de linguagem humana em Python. Fornece interfaces fáceis de utilizar para mais de 50 corpora e recursos lexicais, juntamente com um conjunto de bibliotecas de processamento de texto para classificação, tokenização, stemming, etiquetagem, análise e raciocínio semântico.

- **Como começar**: Instale o NLTK utilizando o pip (**pip install nltk**) e importe-o para o seu script Python. Comece por descarregar os conjuntos de dados e corpora necessários, que o NLTK lhe pedirá para fazer na sua primeira execução.

- **Características principais**: O NLTK inclui uma variedade de módulos para diferentes tarefas de PNL, como o **nltk.tokenize** para dividir o texto em palavras ou frases, **o nltk.stem** para fazer o steming de palavras e o **nltk.tag** para marcação de parte do discurso.

- **Análise de texto**: Utilize as funcionalidades do NLTK para efetuar análises de texto complexas, como a análise de distribuição de frequências, a exploração de n-gramas e a análise de sentimentos.

- **Rico em recursos**: aproveite a extensa documentação e os recursos orientados para a comunidade para explorar todo o potencial do NLTK no processamento e exploração de dados linguísticos.

5.2 Explorando TextBlob para soluções rápidas de PNL

TextBlob simplifica o processamento de texto em Python, abstraindo muitas das tarefas complexas envolvidas na análise de texto. É construído sobre o NLTK e outro pacote chamado Pattern, oferecendo uma interface mais fácil de utilizar.

- **Instalação e utilização**: Instalar com **pip install textblob**. TextBlob é simples de usar, tornando-o perfeito para iniciantes ou para desenvolvedores que precisam implementar recursos de PNL rapidamente.

- **Características**: Fornece APIs simples para tarefas comuns de PNL, como marcação de parte do discurso, extração de frases nominais, análise de sentimentos, classificação, tradução e muito mais.

- **Extensão e personalização**: Embora o TextBlob tenha sido concebido para ser simples, também suporta extensões que podem adicionar capacidades mais sofisticadas, satisfazendo requisitos de PNL mais complexos.

5.3 Características avançadas do spaCy

O spaCy é uma biblioteca moderna, rápida e robusta para Processamento Avançado de Linguagem Natural. Foi concebida especificamente para utilização em produção, o que a torna incrivelmente eficiente e escalável.

- **Instalação**: Instale o spaCy utilizando pip (**pip install spacy**) e descarregue os seus modelos linguísticos para começar. O spaCy suporta várias línguas, oferecendo modelos estatísticos pré-treinados e vectores de palavras.

- **Capacidades principais**: Inclui tokenização, marcação de parte da fala, reconhecimento de entidades nomeadas, análise de dependência, segmentação de frases e muito mais, tudo com foco no desempenho.

- **Integração de aprendizado de máquina**: o spaCy foi criado com o aprendizado de máquina em mente, integrando-se perfeitamente a bibliotecas como TensorFlow, PyTorch e outras para aplicativos de aprendizado profundo.

- **Extensibilidade**: Pode alargar as capacidades do spaCy com pipelines personalizados, processamento baseado em regras e integração com outras estruturas de aprendizagem automática.

5.4 Utilização do Gensim para modelação de tópicos

O Gensim é uma biblioteca Python concebida especificamente para "modelação de tópicos", um processo de descoberta de tópicos abstractos a partir de uma coleção de documentos, mas também é amplamente útil para outras tarefas de modelação do espaço vetorial.

- **Modelagem de tópicos**: Utilizado principalmente para criar e analisar modelos de tópicos, o Gensim suporta algoritmos como Latent Dirichlet Allocation (LDA), Latent Semantic Indexing (LSI), entre outros.

- **Consultas de similaridade**: Comparar documentos para identificar quais são os mais semelhantes a um determinado documento de entrada, útil para sistemas de recuperação de documentos ou motores de recomendação.

- **Instalação**: Pode ser instalado usando pip (**pip install gensim**). É eficiente, escalável e integra-se bem com NumPy, SciPy e Scikit-learn.

- **Word2Vec e Doc2Vec**: Implementa estes algoritmos populares para a incorporação de palavras e documentos, permitindo a análise semântica e a comparação de semelhanças entre dados de texto.

As bibliotecas de PNL do Python, como NLTK, TextBlob, spaCy e Gensim, fornecem ferramentas poderosas para processar e compreender dados de linguagem humana. Cada biblioteca tem seus pontos fortes, desde o fornecimento de recursos educacionais e APIs simples até o suporte a aplicativos de alto desempenho e prontos para produção. Ao tirar partido destas bibliotecas, pode executar uma vasta gama de tarefas de PNL, desde o simples processamento de texto até à complexa compreensão da linguagem e modelação de tópicos, melhorando as capacidades das suas aplicações Python.

6.1 Embeddings de palavras e modelos de espaço vetorial

Os word embeddings são um tipo de representação de palavras que permite que palavras com significado semelhante tenham uma representação semelhante num espaço vetorial. São fundamentais para muitas tarefas de PNL, uma vez que proporcionam uma forma de utilizar uma representação eficiente e densa em que palavras semelhantes têm uma codificação semelhante.

- **Modelos de espaço vetorial**: Estes modelos representam palavras num espaço vetorial contínuo onde palavras semanticamente semelhantes são mapeadas para pontos próximos. São capazes de captar o contexto, a semelhança sintáctica e a semelhança semântica.

- **Vantagens**: As incrustações melhoram o desempenho das aplicações de PLN, permitindo-lhes compreender as nuances semânticas e sintácticas da linguagem. Ajudam a lidar com a maldição da dimensionalidade, projectando dados de elevada dimensão em espaços de dimensão inferior.

6.2 Explorar o Word2Vec e o GloVe

- **Word2Vec**: Desenvolvido pelo Google, o Word2Vec é um modelo preditivo para aprender a incorporação de palavras a partir de texto bruto. Está disponível em duas versões: Continuous Bag-of-Words (CBOW) e Skip-Gram, que são redes neurais superficiais que aprendem pesos para a previsão de palavras.

  - **O CBOW** prevê a palavra atual com base no contexto, enquanto o **Skip-Gram** faz o inverso, prevendo as palavras circundantes a partir de uma palavra atual.

- **GloVe (Vectores Globais para Representação de Palavras)**: Desenvolvido por Stanford, o GloVe é um modelo baseado na contagem que aprende vectores de palavras agregando estatísticas globais de coocorrência palavra-palavra a partir de um corpus. As incorporações resultantes mostram subestruturas lineares interessantes do espaço vetorial de palavras.

6.3 Incorporação contextual de palavras com o BERT

BERT (Bidirectional Encoder Representations from Transformers): Revolucionou a compreensão dos embeddings de palavras ao considerar o contexto de cada ocorrência de uma determinada palavra. Ao contrário dos embeddings tradicionais, que atribuem um vetor fixo a cada palavra, o BERT gera embeddings que se ajustam com base nas palavras circundantes.

- Isto permite ao BERT captar as nuances de significado e utilização em diferentes contextos, conduzindo a melhorias significativas numa vasta gama de tarefas de PNL, como a resposta a perguntas, a análise de sentimentos e a inferência linguística.

6.4 Semantic Similarity e Clustering

- **Semelhança semântica**: Em PNL, a semelhança semântica refere-se à medida de quanto dois segmentos de texto (palavras, frases, documentos) estão relacionados entre si de forma significativa. Ao utilizar representações vectoriais de texto, podemos empregar a semelhança de cosseno para medir esta relação.

- **Agrupamento**: Com a incorporação de palavras, os algoritmos de agrupamento, como o K-means, podem agrupar palavras ou documentos semanticamente semelhantes. Isto é útil em tarefas como a modelação de tópicos, em que se pretende descobrir a estrutura temática subjacente numa coleção de textos.

- **Aplicações**: Estas técnicas são cruciais na recuperação de informação, nos sistemas de recomendação e na organização de grandes conjuntos de dados. A análise semântica ajuda a compreender a intenção das consultas dos utilizadores, automatizando o apoio ao cliente e melhorando a experiência do utilizador através de conteúdos personalizados.

A compreensão da análise semântica é fundamental na PNL para o desenvolvimento de aplicações que exigem uma compreensão profunda das nuances da linguagem. Ao tirar partido de modelos e técnicas avançados como word embeddings, BERT e clustering, os programadores podem criar sistemas sofisticados que compreendem, interpretam e geram linguagem humana de forma eficaz, abrindo vastas possibilidades para aplicações inovadoras em vários domínios.

## CHAPTER 7

Aprendizagem automática para PNL

7.1 Aprendizagem supervisionada e não supervisionada em PNL

No domínio do Processamento de Linguagem Natural (PLN), os algoritmos de aprendizagem automática desempenham um papel fundamental e são geralmente classificados em aprendizagem supervisionada e não supervisionada:

- **Aprendizagem supervisionada em PNL**: envolve a formação de um modelo num conjunto de dados rotulados, em que a entrada (texto) está associada à saída correcta (rótulo). O modelo aprende a prever o resultado a partir dos dados de entrada. As tarefas comuns de PNL supervisionada incluem a análise de sentimentos, a deteção de spam e o reconhecimento de entidades nomeadas.

- **Aprendizagem não supervisionada em PNL**: Aqui, o modelo é treinado em dados sem rótulos explícitos e precisa de discernir padrões e estruturas a partir dos próprios dados. As tarefas de PNL não supervisionadas incluem a modelação de tópicos, o agrupamento e a geração de palavras incorporadas, em que o objetivo é descobrir estruturas ocultas nos dados de texto.

7.2 Engenharia de características para texto

A engenharia de características é o processo de utilização do conhecimento do domínio para selecionar, modificar ou criar características que fazem funcionar os algoritmos de aprendizagem automática. Nos dados de texto, isto é crucial devido à natureza não estruturada do texto:

- **Vectorização**: Transformar o texto em representações numéricas, como os vectores Bag-of-Words (BoW) ou Term Frequency-Inverse Document Frequency (TF-IDF), para que os algoritmos de aprendizagem automática possam compreender o texto.

- **Embeddings de palavras**: Utilizar palavras pré-treinadas como o Word2Vec ou o GloVe, ou palavras contextuais de modelos como o BERT, para capturar as propriedades semânticas das palavras.

- **Seleção de características**: Seleção das características mais relevantes a utilizar no treino do modelo, o que pode reduzir a dimensionalidade do espaço de características e melhorar o desempenho do modelo.

7.3 Criação de modelos de classificação e regressão

Os modelos de aprendizagem automática podem ser treinados para executar uma variedade de tarefas de PNL, sendo a classificação e a regressão dois dos principais tipos de modelos:

- **Modelos de classificação de texto**: Estes modelos categorizam o texto de entrada em classes predefinidas. Os exemplos incluem a deteção de spam (spam ou não spam), análise de sentimentos (positivo, negativo, neutro) e categorização de tópicos.

- **Modelos de regressão de texto**: Estes são utilizados quando o resultado é um valor contínuo. Por exemplo, prever o número de vezes que uma publicação de blogue será partilhada com base no seu conteúdo ou prever a idade de um autor a partir do seu estilo de escrita.

7.4 Avaliação do desempenho do modelo

A avaliação do desempenho de um modelo de PNL é crucial para compreender a sua eficácia e as áreas a melhorar:

- **Matriz de confusão**: Em tarefas de classificação, ajuda a visualizar o desempenho do algoritmo, mostrando as previsões correctas e incorrectas em diferentes classes.

- **Exatidão, Precisão, Recuperação e Pontuação F1**: Métricas comuns utilizadas para avaliar o desempenho dos modelos de classificação. Cada uma delas fornece informações diferentes sobre os pontos fortes e fracos do modelo.

- **Erro médio quadrático (MSE) ou erro médio absoluto (MAE)**: Utilizado para modelos de regressão para quantificar a diferença entre os valores numéricos previstos e os valores reais.

- **Validação cruzada**: Uma técnica para avaliar a forma como os resultados de uma análise estatística se generalizam a um conjunto de dados independente. É essencial para afinar o modelo e selecionar o modelo com melhor desempenho.

A aprendizagem automática para a PNL implica a compreensão da interação subtil entre as características linguísticas e os algoritmos de aprendizagem automática. A aplicação bem sucedida da aprendizagem automática a tarefas de PNL exige uma análise cuidadosa da natureza dos dados de texto, a seleção de características adequadas, a escolha do algoritmo e um quadro de avaliação robusto para medir o desempenho do modelo e orientar o seu aperfeiçoamento.

## CHAPTER 8

Aprendizagem profunda para PNL

8.1 Introdução às redes neuronais para PNL

As redes neuronais revolucionaram o domínio do Processamento de Linguagem Natural (PLN), oferecendo ferramentas poderosas para lidar com as complexidades da linguagem humana. Estas redes podem aprender representações hierárquicas de dados de texto, o que as torna altamente eficazes para uma vasta gama de tarefas de PNL.

- **Noções básicas sobre redes neurais**: Na sua essência, as redes neuronais utilizam camadas de neurónios com funções de ativação para processar dados de entrada, aprender com eles e fazer previsões. Na PNL, elas interpretam a natureza sequencial e contextual do texto, capturando dependências e semântica.

- **Aplicações em PNL**: As redes neuronais são utilizadas em várias tarefas de PNL, como a classificação de textos, a análise de sentimentos e a tradução automática, superando significativamente os modelos tradicionais de aprendizagem automática em muitos casos, devido à sua capacidade de trabalhar com texto em bruto e captar significados contextuais.

8.2 Implementação de Redes Neuronais Recorrentes (RNNs)

As Redes Neuronais Recorrentes (RNN) foram especificamente concebidas para tratar dados sequenciais, o que as torna ideais para texto, que é inerentemente sequencial. Têm uma memória interna que capta informações sobre estados anteriores, o que lhes permite manter o contexto e as dependências no texto.

- **Mecanismo de funcionamento**: As RNN processam sequências através da iteração dos elementos e mantêm uma "memória" (estado oculto) do que foi processado, o que influencia o resultado da rede, permitindo-lhes fazer previsões informadas com base em dados anteriores.

- **Desafios**: Embora poderosas, as RNNs podem ser difíceis de treinar devido a problemas como o desaparecimento e a explosão de gradientes, que podem prejudicar a sua capacidade de aprender dependências de longo alcance no texto.

8.3 Utilização de LSTM e GRU para geração de texto

Para ultrapassar as limitações das RNN tradicionais, foram introduzidas arquitecturas como as unidades LSTM (Long Short-Term Memory) e GRU (Gated Recurrent Units). Estas arquitecturas foram concebidas para captar dependências a longo prazo e reter a memória durante sequências mais longas, o que as torna mais eficazes para tarefas complexas de PNL.

- **Redes LSTM**: As redes LSTM incluem uma série de portas (portas de entrada, de esquecimento e de saída) que regulam o fluxo de informação. Podem recordar ou esquecer informações durante longos intervalos de tempo, o que é fundamental para compreender o contexto em dados de texto.

- **Redes GRU**: As GRUs simplificam a arquitetura LSTM, combinando as portas de esquecimento e de entrada numa única porta de atualização. Elas também fundem o estado da célula e o estado oculto, resultando em uma variante mais eficiente e igualmente eficaz para muitas tarefas.

- **Geração de texto**: Tanto a LSTM como a GRU têm demonstrado um sucesso notável em tarefas de geração de texto, aprendendo padrões, estruturas e até estilos a partir de grandes corpora de texto para gerar texto coerente e contextualmente relevante.

8.4 Modelos de transformadores e mecanismos de atenção

O modelo de transformador, introduzido no artigo "Attention is All You Need", estabeleceu novos padrões na PNL, principalmente devido ao seu mecanismo de atenção, que permite que o modelo se concentre em diferentes partes da sequência de entrada, aumentando a precisão da previsão.

- **Arquitetura do transformador**: Ao contrário das RNNs, os transformadores não processam os dados em sequência. Em vez disso, utilizam mecanismos de auto-atenção para ponderar a importância de cada parte dos dados de entrada. Isto permite um processamento paralelo e tempos de formação significativamente mais rápidos.

- **Mecanismos de atenção**: Permitem que o modelo se concentre em partes relevantes da sequência de entrada, melhorando a capacidade do modelo para captar dependências de longo alcance e nuances subtis no texto.

- **Inovações em PNL**: Os transformadores levaram ao desenvolvimento de modelos inovadores como o BERT, o GPT (Generative Pre-trained Transformer) e o T5 (Text-to-Text Transfer Transformer), que obtiveram resultados de ponta em vários parâmetros de referência e aplicações de PNL.

A aprendizagem profunda transformou o panorama da PNL, oferecendo modelos robustos que compreendem as subtilezas da linguagem humana, prevêem resultados e geram texto semelhante ao humano. O advento das redes neurais, RNNs, LSTMs, GRUs e transformadores melhorou progressivamente a capacidade de modelar estruturas linguísticas complexas, levando a avanços sem precedentes na tradução automática, resumo de texto, análise de sentimentos e muito mais.

## CHAPTER 9

Projectos práticos de PNL

9.1 Análise de sentimentos para obter informações comerciais

A análise de sentimentos é uma técnica utilizada na PNL para identificar e categorizar opiniões expressas em texto, especialmente para determinar se a atitude do autor em relação a um determinado tópico ou produto é positiva, negativa ou neutra. Esta técnica é particularmente útil para as empresas avaliarem o sentimento do público a partir das redes sociais, das críticas ou do feedback dos clientes.

9.1.1 *Descrição geral da implementação Python:*

```python
importar pandas como pd

from textblob import TextBlob

from sklearn.model_selection import train_test_split

from sklearn.linear_model import LogisticRegression

from sklearn.feature_extraction.text import TfidfVectorizer

from sklearn.metrics import accuracy_score


# Conjunto de dados de amostra

data = pd.read_csv('reviews.csv') # Assumindo um ficheiro CSV com as
colunas 'review' e 'sentiment'


# Processamento de texto e divisão de dados

tfidf = TfidfVectorizer(max_features=1000)

características = tfidf.fit_transform(data['review']).toarray()

etiquetas = dados['sentimento']
```

```python
X_treino, X_teste, y_treino, y_teste = train_test_split(características, etiquetas, test_size=0.2, random_state=42)


# Formação de modelos

model = LogisticRegression()

model.fit(X_train, y_train)


# Previsão e avaliação

y_pred = model.predict(X_test)

print("Exatidão:", accuracy_score(y_test, y_pred))
```

Neste excerto Python, o **TextBlob** é inicialmente apresentado para ilustrar a sua simplicidade na análise de sentimentos. No entanto, para uma abordagem mais robusta, é empregue um **TfidfVectorizer** para converter dados de texto em características TF-IDF, e é utilizado um modelo **LogisticRegression** para classificação, que é adequado para tarefas de classificação binária de sentimentos.

9.2 Desenvolvimento de um chatbot com modelos Seq2Seq

Os chatbots são sistemas automatizados que podem interagir com os utilizadores de uma forma conversacional. Os modelos Seq2Seq (Sequence-to-Sequence), que são normalmente utilizados para a tradução automática, podem ser adaptados para desenvolver chatbots.

9.2.1 *Descrição geral da implementação Python:*

A implementação de um chatbot com um modelo Seq2Seq implica a criação de uma arquitetura codificador-descodificador, frequentemente complementada com camadas LSTM ou GRU.

```python
from keras.models import Model

de keras.layers import Input, LSTM, Dense
```

```python
def create_seq2seq_architecture(num_encoder_tokens, num_decoder_tokens,
latent_dim=256):
    # Codificador
    encoder_inputs = Input(shape=(None, num_encoder_tokens))
    codificador = LSTM(latent_dim, return_state=True)
    encoder_outputs, state_h, state_c = encoder(encoder_inputs)
    estados_do_codificador = [estado_h, estado_c]

    # Descodificador
    decoder_inputs = Input(shape=(None, num_decoder_tokens))
    descodificador_lstm = LSTM(latent_dim, return_sequences=True,
return_state=True)
    decoder_outputs, _, _ = decoder_lstm(decoder_inputs,
initial_state=encoder_states)
    descodificador_dense = Dense(num_decodificador_tokens,
ativação='softmax')
    decodificador_outputs = decodificador_dense(decodificador_outputs)

    # Modelo
    model = Model([encoder_inputs, decoder_inputs], decoder_outputs)
    modelo de retorno

# Assumir que num_encoder_tokens e num_decoder_tokens estão definidos
model = create_seq2seq_architecture(num_encoder_tokens,
num_decoder_tokens)
model.compile(optimizador='rmsprop', perda='categorical_crossentropy')
```

model.fit([dados_de_entrada do codificador, dados_de_entrada do descodificador], dados_alvo do descodificador, batch_size=64, epochs=100, validation_split=0.2)

Neste exemplo simplificado, configuramos uma arquitetura Seq2Seq básica com camadas LSTM. O treino deste modelo requer um conjunto de dados de frases emparelhadas (por exemplo, pares pergunta-resposta para um chatbot).

9.3 Extração de informação e resumo de texto

A extração de informação envolve a extração automática de informação estruturada de texto não estruturado, enquanto a sumarização de texto se refere ao processo de encurtar um documento de texto para criar um resumo com os pontos principais do documento original.

9.3.1 *Implementação Python para Sumarização de Texto:*

from gensim.summarization import summarize

text = open('article.txt', 'r').read() # Assumindo que 'article.txt' contém o texto de um artigo extenso

summary = summarize(text, word_count=100) # Resumir o artigo a 100 palavras

print(resumo)

A biblioteca Gensim fornece uma maneira simples de implementar o resumo de texto. Ela usa uma variação do algoritmo TextRank para identificar frases significativas no texto e, em seguida, combina-as para formar um resumo coerente.

9.4 Automatização da produção de conteúdos

A automatização da geração de conteúdos envolve a criação automática de texto, o que pode ser útil para gerar relatórios, artigos ou mesmo escrita criativa.

9.4.1 Descrição geral da implementação Python:

```python
from transformers import GPT2LMHeadModel, GPT2Tokenizer


tokenizer = GPT2Tokenizer.from_pretrained('gpt2')

model = GPT2LMHeadModel.from_pretrained('gpt2')


prompt_text = "O futuro da IA nos cuidados de saúde é"

inputs = tokenizer.encode(prompt_text, add_special_tokens=False, return_tensors="pt")


# Gerar texto usando GPT-2
output_sequences = model.generate(
    input_ids=inputs,
    max_length=250,
    temperatura=1.0,
    top_k=50,
    top_p=0,95,
    penalidade de repetição=1,2,
    do_sample=True,
    num_return_sequences=1
)
```

```python
# Descodificar o texto gerado

texto_gerado = tokenizer.decode(output_sequences[0],
skip_special_tokens=True)


print(texto_gerado)
```

Neste trecho de Python, utilizamos a biblioteca de **transformadores** da Hugging Face para aproveitar um modelo GPT-2 pré-treinado, uma poderosa rede neural geradora de texto. Fornecemos um prompt "O futuro da IA na área da saúde é" para o modelo, e ele gera texto com base nesse contexto. Os parâmetros como **max_length**, **temperatura**, **top_k**, **top_p** e **repetition_penalty** são utilizados para controlar a criatividade e a coerência da geração.

Esta automatização da geração de conteúdos pode ser particularmente útil para gerar rascunhos de artigos, ideias de brainstorming ou até mesmo criar narrativas inteiras com base num determinado estímulo. O GPT-2 e modelos semelhantes foram aperfeiçoados para várias aplicações, proporcionando uma ferramenta versátil para a criação automática de conteúdos.

Este capítulo explorou projectos práticos de PNL com implementação em Python, mostrando como diferentes técnicas e modelos de PNL podem ser aplicados a tarefas do mundo real. Desde a análise de sentimentos, que fornece informações comerciais, ao desenvolvimento de chatbots interactivos, à extração de informações valiosas do texto ou mesmo à geração de novos conteúdos, as tecnologias de PNL oferecem vastas possibilidades. Cada secção fornece um vislumbre do código Python necessário para embarcar nestes projectos de PNL, enfatizando a aplicação prática das teorias e técnicas de PNL. Como estes projectos demonstram, a PNL é uma ferramenta poderosa para obter informações significativas a partir de dados de texto e automatizar tarefas complexas baseadas na linguagem, revelando-se inestimável em vários domínios e aplicações.

10.1 Aprendizagem por transferência e afinação de modelos linguísticos

A aprendizagem por transferência revolucionou a PNL ao permitir que os modelos pré-treinados em vastos conjuntos de dados sejam aperfeiçoados em tarefas específicas, melhorando drasticamente o desempenho mesmo com dados rotulados limitados.

10.1.1 *Exemplo:*

Considere o ajuste fino do modelo BERT (Bidirectional Encoder Representations from Transformers) para análise de sentimentos:

```
from transformers import BertTokenizer, BertForSequenceClassification,
Trainer, TrainingArguments

from datasets import load_dataset


# Carregar conjunto de dados

conjunto de dados = load_dataset("imdb")


# Inicializar o tokenizador

tokenizer = BertTokenizer.from_pretrained('bert-base-uncased')


def tokenize_function(examples):

    return tokenizer(examples["text"], padding="max_length",
truncation=True)


# Tokenizar a entrada (truncagem e preenchimento)

tokenized_datasets = dataset.map(tokenize_function, batched=True)
```

```python
# Carregar modelo BERT pré-treinado para classificação de sequências

model = BertForSequenceClassification.from_pretrained("bert-base-uncased")


# Definir argumentos de formação

training_args = TrainingArguments(

    output_dir="./results",

    num_train_epochs=3,

    per_device_train_batch_size=16,

    per_device_eval_batch_size=64,

    warmup_steps=500,

    peso_decadência=0,01,

    evaluate_during_training=True,

    logging_dir='./logs',

)


# Inicializar o formador

treinador = Treinador(

    modelo=modelo,

    args=args_treinamento,

    train_dataset=tokenized_datasets["train"],

    eval_dataset=tokenized_datasets["test"]

)


# Treinar o modelo

formador.treinar()
```

Neste exemplo, utilizamos a biblioteca de **transformadores** para afinar um modelo BERT pré-treinado para análise de sentimentos no conjunto de dados de críticas do IMDB. O processo envolve a tokenização do conjunto de dados, a configuração do modelo para classificação de sequências, a definição de argumentos de treino e o início do processo de treino.

10.2 PNL multilingue e aplicações interlinguísticas

A PNL multilingue implica o desenvolvimento de modelos que compreendam, interpretem ou gerem texto em várias línguas. Este aspeto é crucial para a criação de sistemas de PNL aplicáveis a nível mundial.

Exemplo:

Utilizar um modelo multilingue como o **mBERT** (Multilingual BERT), que é pré-treinado em várias línguas e pode compreender texto nessas línguas.

Código:

```
from transformers import BertTokenizer, BertModel

# Carregar o BERT multilingue

tokenizer = BertTokenizer.from_pretrained('bert-base-multilingual-cased')

model = BertModel.from_pretrained('bert-base-multilingual-cased')

# Exemplo de texto em diferentes línguas

text_de = "Dies ist ein Beispieltext auf Deutsch."

text_fr = "Ceci est un exemple de texte en français."
```

Tokenizar e codificar para a entrada do modelo

```python
inputs_de = tokenizer(text_de, return_tensors="pt")

inputs_fr = tokenizer(text_fr, return_tensors="pt")


# Obter as incorporações

outputs_de = model(**inputs_de)

outputs_fr = model(**inputs_fr)


# Os embeddings podem agora ser utilizados para tarefas a jusante
```

No código acima, **o mBERT** é utilizado para gerar ligações (embeddings) para texto em alemão e francês. Estes encaixes podem ser o ponto de partida para várias tarefas de PNL, como a classificação, a tradução ou o reconhecimento de entidades, de uma forma independente da língua.

10.3 Considerações éticas e preconceitos na PNL

Os modelos de PNL podem, inadvertidamente, perpetuar e amplificar os preconceitos presentes nos seus dados de treino, o que leva a preocupações éticas, especialmente em aplicações como a análise de sentimentos, a moderação de conteúdos e os chatbots.

Considerações:

- Auditar regularmente os modelos para detetar resultados tendenciosos.
- Implementar algoritmos sensíveis à equidade.
- Diversificar os dados de formação para representar um amplo espetro de dados demográficos.

10.4 Direcções futuras da investigação em PNL

A PNL é um domínio em rápida evolução, com investigação contínua que explora novos modelos, uma melhor compreensão das línguas e novas aplicações.

Tendências:

- **IA explicável em PNL**: tornar os modelos mais interpretáveis para compreender o seu processo de decisão.

- **Aprendizagem com poucos exemplos**: Desenvolver modelos que possam aprender novas tarefas com o mínimo de exemplos.

- **PNL trans-modal**: integração de texto com outras modalidades, como imagens e áudio, para aplicações multimodais mais ricas.

Exemplo de código de investigação futura:

Embora exemplos específicos de código para direcções futuras dependam da área de investigação específica, os investigadores experimentam frequentemente modelos e técnicas de ponta de artigos recentes, implementando protótipos e contribuindo para projectos de código aberto para fazer avançar o campo.

```
# Pseudocódigo para uma futura experiência genérica de investigação em PNL

model = CuttingEdgeModel.load_pretrained('latest-model')

dataset = load_dataset('new-dataset')

resultados_da_experiência = model.evaluate(dataset)

analisar_resultados(resultados_da_experiência)
```

Este capítulo aprofunda os domínios avançados da PNL, destacando o impacto significativo da aprendizagem por transferência, a importância dos modelos multilingues, as responsabilidades éticas na implantação de sistemas de PNL

Apêndice A: Conjuntos de ferramentas e estruturas Python NLP

Python oferece uma infinidade de kits de ferramentas e estruturas que atendem a vários aspectos do Processamento de Linguagem Natural (PNL), cada um com características e capacidades únicas. Eis alguns conjuntos de ferramentas e estruturas Python NLP essenciais que os profissionais podem utilizar:

- **NLTK (Natural Language Toolkit)**: Uma biblioteca abrangente que fornece interfaces fáceis de usar e uma grande quantidade de recursos linguísticos para várias tarefas de PNL, incluindo tokenização, marcação, análise e raciocínio semântico.

```python
importar nltk
nltk.download('punkt')
from nltk.tokenize import word_tokenize
text = "Olá, mundo! Vamos explorar o NLTK".
print(word_tokenize(text))
```

- **spaCy**: Conhecido pela sua velocidade e precisão, o spaCy foi concebido para utilização em produção. Ele se destaca em tarefas como tokenização, marcação POS, reconhecimento de entidades nomeadas e análise de dependência.

```python
importar spacy
nlp = spacy.load("en_core_web_sm")
doc = nlp("Apple is looking at buying U.K. startup for $1 billion")
for ent in doc.ents:
    print(ent.text, ent.label_)
```

- **TextBlob**: Excelente para iniciantes e prototipagem, fornecendo uma API simples para tarefas comuns de PNL, como marcação de parte da fala, extração de frases nominais, análise de sentimentos, tradução e muito mais.

from textblob import TextBlob

blob = TextBlob("TextBlob é incrivelmente simples de usar. Que grande diversão!")

para frase em blob.sentences:

  print(frase.sentimento)

- **Gensim**: Focado na modelação de tópicos não supervisionada e na compreensão de linguagem natural, o Gensim é particularmente conhecido pela sua implementação do Word2Vec, Doc2Vec e outros algoritmos para descobrir estruturas semânticas em textos.

from gensim.summarization import summarize

text = "Gensim é uma biblioteca Python para modelação de tópicos, indexação de documentos e outras tarefas semelhantes de PNL."

print(resumir(texto))

- **Transformadores (por Hugging Face)**: Fornece milhares de modelos pré-treinados para executar tarefas em textos, como tradução, sumarização e geração de texto, bem como arquitecturas de uso geral de última geração, como BERT, GPT-2, T5, etc.

from transformers import pipeline

classificador = pipeline('sentiment-analysis')

classificador('Estamos muito felizes por vos mostrar a biblioteca F Transformers.')

Apêndice B: Recursos adicionais para a aprendizagem da PNL

Para explorar melhor o vasto domínio da PNL, estão disponíveis vários recursos:

- **Livros**:
  - "Speech and Language Processing" por Dan Jurafsky & James H. Martin.
  - "Natural Language Processing in Action" por Lane, Howard e Hapke.
  - "Python Natural Language Processing" por Jalaj Thanaki.
- **Cursos online**:
  - Especialização em "Processamento de Linguagem Natural" do Coursera pela Escola Superior de Economia da Universidade Nacional de Investigação.
  - "NLP - Processamento de linguagem natural com Python" da Udemy.
  - O curso prático de aprendizagem profunda da Fast.ai para programadores, que inclui uma secção sobre PNL.
- **Sítios Web e blogues**:
  - O Grupo de PNL de Stanford
  - Documentação do Toolkit de Linguagem Natural (NLTK)
  - Site oficial do spaCy e documentação de utilização
- **Comunidades e fóruns**:
  - Stack Overflow para questões relacionadas com programação.
  - Comunidades Reddit como r/LanguageTechnology e r/MachineLearning.
  - Grupos do LinkedIn e nomes de utilizador do Twitter dedicados à IA e à PNL.

Apêndice C: Conjuntos de dados e desafios para a prática da PNL

Para praticar e aperfeiçoar as suas competências em PNL, é crucial envolver-se com conjuntos de dados e desafios do mundo real. Eis alguns recursos:

- **Conjuntos de dados**:
    - **Conjuntos de dados de PNL de Stanford**: Uma coleção de conjuntos de dados utilizados para várias tarefas de PNL.
    - **Conjuntos de dados do Kaggle**: O Kaggle aloja vários conjuntos de dados de PNL, incluindo conjuntos de dados de mensagens de spam, conjuntos de dados de sentimentos do Twitter e muito mais.
    - **Common Crawl**: Um corpus de dados capturados na Web que se estende por mais de uma década, ideal para treinar grandes modelos de PNL.
- **Desafios e concursos**:
    - **Competições do Kaggle**: O Kaggle organiza frequentemente concursos de PNL, que vão desde a análise de sentimentos a tarefas de resposta a perguntas.
    - **SemEval (Workshop Internacional sobre Avaliação Semântica)**: Uma série contínua de avaliações de sistemas de análise semântica computacional, concebida para explorar o espetro da investigação em PNL.
    - **Tarefas partilhadas da ACL**: Várias tarefas de PNL organizadas pela Associação para a Linguística Computacional (ACL), centradas em

Glossário

Este glossário fornece definições para termos e conceitos comuns utilizados no domínio do Processamento de Linguagem Natural (PNL) e áreas relacionadas com a aprendizagem automática e a linguística.

- **Inteligência Artificial (IA)**: A simulação da inteligência humana em máquinas programadas para pensar como os humanos e imitar as suas acções, incluindo a aprendizagem, o raciocínio e a auto-correção.

- **Processamento de linguagem natural (PNL)**: Um ramo da inteligência artificial que permite aos computadores compreender, interpretar e gerar linguagem humana de uma forma valiosa.

- **Aprendizagem automática**: Um subconjunto da IA que envolve o desenvolvimento de algoritmos que podem aprender e fazer previsões ou tomar decisões com base em dados.

- **Aprendizagem profunda**: Um subconjunto da aprendizagem automática que envolve redes neurais com três ou mais camadas que podem descobrir automaticamente representações a partir de dados como imagens, vídeo ou texto.

- **Tokenização**: O processo de conversão de uma sequência de caracteres numa sequência de tokens (palavras, caracteres ou subpalavras).

- **Estamparia**: O processo de redução de uma palavra ao seu radical que afixa sufixos e prefixos ou às raízes das palavras, conhecido como lema.

- **Lemmatização**: O processo de agrupar as formas flexionadas de uma palavra para que possam ser analisadas como um único item, identificado pelo lema da palavra.

- **Corpus (plural: corpora)**: Um conjunto grande e estruturado de textos, tradicionalmente utilizado na linguística e na investigação relacionada com as línguas.

- **Palavras de paragem**: Palavras utilizadas habitualmente numa língua (como "o", "a", "um", "em") que são normalmente filtradas nas etapas de pré-processamento de dados de texto.

- **Saco de palavras (BoW)**: Uma representação de texto que descreve a ocorrência de palavras num documento, sem ter em conta a ordem ou a gramática, mas mantendo a multiplicidade.

- **TF-IDF (Term Frequency-Inverse Document Frequency)**: Uma estatística numérica destinada a refletir a importância de uma palavra para um documento numa coleção ou corpus.

- **Embeddings de palavras**: Representações de palavras num espaço vetorial denso onde palavras semanticamente semelhantes são mapeadas para pontos próximos.

- **Rede neural recorrente (RNN)**: Um tipo de rede neural que inclui loops, permitindo que a informação persista, particularmente adequada para processar sequências de dados.

- **Memória de Longo Prazo (LSTM)**: Um tipo especial de RNN capaz de aprender dependências de longo prazo, lembrando informações por longos períodos como o comportamento padrão.

- **Unidade recorrente fechada (Gated Recurrent Unit - GRU)**: Mecanismo de bloqueio em redes neurais recorrentes, semelhante a uma unidade de memória de curto prazo (LSTM), mas sem um bloqueio de saída.

- **Modelo de transformador**: Um tipo de arquitetura de rede neural que se baseia inteiramente em mecanismos de atenção para estabelecer dependências globais entre a entrada e a saída, normalmente utilizado nos modelos de PNL mais avançados.

- **Mecanismo de atenção**: Um componente das redes neuronais que permite que o modelo se concentre em partes específicas da entrada sequencialmente, imitando a forma como os humanos prestam atenção a partes de uma imagem ou a palavras numa frase.

- **BERT (Bidirectional Encoder Representations from Transformers)**: Uma técnica de aprendizagem automática baseada em transformadores para pré-treino de PNL desenvolvida pela Google, concebida para ajudar os computadores a compreender o significado de linguagem ambígua no texto utilizando o texto circundante.

- **Modelos Sequência-para-Sequência (Seq2Seq)**: Uma classe de arquitecturas de redes neuronais profundas que transformam uma sequência de entrada numa sequência de saída, frequentemente utilizada em tradução automática, resumo de texto e resposta a perguntas.

- **Reconhecimento de entidades nomeadas (NER)**: O processo de identificação e classificação de informações-chave (entidades) no texto, tais como nomes de pessoas, organizações, localizações, expressões de tempos, quantidades, valores monetários, percentagens, etc.

- **Análise de sentimento**: O processo de identificar e categorizar computacionalmente as opiniões expressas num texto, especialmente para determinar se a atitude do autor em relação a um determinado tópico, produto, etc., é positiva, negativa ou neutra.

Este glossário serve de referência rápida para a compreensão dos termos fundamentais da PNL e dos domínios associados, fornecendo uma base para a exploração e o estudo futuros destas áreas de investigação e aplicação dinâmicas e em rápida evolução.

Referências

1. Bird, S., Klein, E., & Loper, E. (2009). *Natural Language Processing with Python*. O'Reilly Media.

2. Raschka, S. (2015). *Aprendizado de máquina em Python*. Packt Publishing.

3. Geron, A. (2019). *Aprendizado de máquina prático com Scikit-Learn, Keras e TensorFlow*. O'Reilly Media.

4. Grus, J. (2015). *Data Science from Scratch: Primeiros princípios com Python*. O'Reilly Media.

5. VanderPlas, J. (2016). *Python Data Science Handbook*. O'Reilly Media.

6. Chollet, F. (2017). *Aprendizagem profunda com Python*. Publicações Manning.

7. Bengfort, B., Bilbro, R., & Ojeda, T. (2018). *Análise de texto aplicada com Python*. O'Reilly Media.

8. Jurafsky, D., & Martin, J.H. (2019). *Processamento de fala e linguagem*. Prentice Hall.

9. Honnibal, M., & Montani, I. (2020). *spaCy & FastAPI*. Explosão de IA.

10. Sarkar, D. (2019). *Análise de texto com Python*. Apress.

11. Howard, J., & Gugger, S. (2020). *Aprendizagem profunda para codificadores com fastai e PyTorch*. O'Reilly Media.

12. Manning, C.D., Raghavan, P., & Schütze, H. (2008). *Introduction to Information Retrieval*. Cambridge University Press.

13. Albon, C. (2018). *Livro de receitas de aprendizado de máquina com Python*. O'Reilly Media.

14. Sutskever, I., Vinyals, O., & Le, Q.V. (2014). *Aprendizagem de sequência a sequência com redes neurais*. Sistemas de processamento de informações neurais.

15. Devlin, J., Chang, M.-W., Lee, K., & Toutanova, K. (2018). *BERT: Pré-treinamento de transformadores bidirecionais profundos para compreensão da linguagem*. NAACL.

16. Radford, A., Wu, J., Child, R., Luan, D., Amodei, D., & Sutskever, I. (2019). *Modelos de linguagem são aprendizes multitarefa não supervisionados*. OpenAI.

17. Mikolov, T., Chen, K., Corrado, G., & Dean, J. (2013). *Estimativa eficiente de representações de palavras no espaço vetorial*. arXiv.

I want morebooks!

Buy your books fast and straightforward online - at one of world's fastest growing online book stores! Environmentally sound due to Print-on-Demand technologies.

Buy your books online at
www.morebooks.shop

Compre os seus livros mais rápido e diretamente na internet, em uma das livrarias on-line com o maior crescimento no mundo! Produção que protege o meio ambiente através das tecnologias de impressão sob demanda.

Compre os seus livros on-line em
www.morebooks.shop

Printed by Books on Demand GmbH, Norderstedt / Germany